# 我超爱看的自然图鉴

## 美丽的花园

赛文诺亚 主编

北方妇女儿童出版社

· 长春 ·

# 目录

是什么让花园变得这样美丽的呢？

# 勤劳的蜜蜂

**蜜蜂**可能是最勤劳的昆虫了。每当春暖花开的时候，它们就飞到花丛中采蜜，同时还为植物进行授粉，在花园里经常能看到它们忙碌的身影。“嗡！嗡！嗡！”瞧哇！那里有几只蜜蜂正在采蜜呢！

### 采集花蜜和花粉

借助触角，蜜蜂能够闻出各种花朵的香味，找到花蜜。它飞到花蕊上，从外向内一层一层地进行采蜜。蜜蜂不仅采蜜，而且采集花粉，当它在花丛中穿梭时，毛茸茸的脚上就沾满了花粉。

# 蜜蜂的巢

蜜蜂筑的巢是正六角形，不仅坚固，而且可以节省很多空间。筑成蜂巢的材料是形状酷似小鳞片的蜂蜡，蜂蜡是从工蜂体内分泌出来的。工蜂会把它送到口中和唾液混合，使之富有弹性。

蜂王在蜂巢里产卵，每一枚卵都会独占一个六角形的房间。蜂巢也同时用来储藏蜂蜜，巢房呈水平状，房口稍微朝上，以防蜂蜜流失。

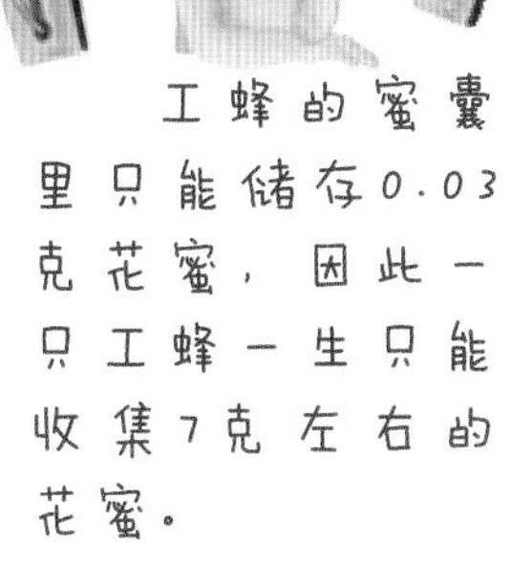

工蜂的蜜囊里只能储存0.03克花蜜，因此一只工蜂一生只能收集7克左右的花蜜。

# 蜜蜂的语言

在外面发现蜜源的工蜂，是怎样把这个好消息告诉其他同伴的呢？原来，它们会兴奋地转动身体，振动着翅膀跳舞，这种舞蹈就成了它们之间进行交流的语言。围过来观看的都是工蜂，从而得到有关花粉和花蜜的各种信息，蜂王和雄蜂却不予理睬。

## 有意思的舞蹈

这种只有蜜蜂才能看得懂的舞蹈是什么意思呢？

如果它跳的是圆形舞，就表示花朵的位置很近。可在圆形舞中，只能向同伴传达距离而已。所以有时候还会跳摆尾舞，用以传达距离和方向。用摆尾舞传达距离时，距离越近，摆尾次数就越多。至于方向，则以舞蹈进行的角度，表示花朵与蜂巢以及太阳连接的角度，指出花朵的方向。

工蜂还会发出振动声，这种振动声也是蜜蜂与蜜蜂之间传递消息的重要方式。

# 蜜蜂的贡献

蜜蜂对人类最大的贡献就是传播花粉及酿造蜂蜜。

蜜蜂在采集食物时，同时还进行着重要的授粉工作。一只蜜蜂的一次飞行，能给瓜果、树木带来4.8万粒花粉，而一只蚂蚁只能携带330粒花粉。真棒啊！

花蜜被蜜蜂吸进胃里后转化为葡萄糖和果糖，然后由两只蜜蜂嘴对嘴地吐出来吸进去，使蜜浓缩，还要振动翅膀扇风，使多余的水分蒸发掉，酿成蜂蜜。

# 漂亮宝贝瓢虫

**瓢虫**是这个花园里的常住客，有着坚硬发亮的外壳，颜色鲜艳美丽，上面还点缀着几颗又黑又圆的斑点，短短的腿走起路来像个小淑女，十分惹人喜爱。

## 瓢虫起飞

瓢虫在树干上慢慢地爬行，脚步稳重，谁也不清楚它想干什么。直到一直爬到树枝末端以后，它才展开那带有斑点的前翅，然后打开折藏的后翅，飞向了天空。

## 神秘的武器

捉一只瓢虫，用手指轻轻捏一下，马上就会出现一滴黄水。原来，在瓢虫的3对细脚的关节上有一种神秘的“化学武器”。当它遇到天敌侵袭时，就会分泌出一种黄黄的、臭臭的液体，让天敌不敢靠近，这样瓢虫就可以趁机逃脱了。

# 如何分辨害虫和益虫

仔细观察，你会发现，“好”的瓢虫，成虫的背部无毛且有光泽，其触角生于两个复眼之前，上颚有基齿；幼虫的身上毛多且柔软。

“坏”瓢虫却是另一副模样——成虫的背部毛很多，密密麻麻的，看起来少光泽，其触角生于两个复眼之间，上颚无基齿；幼虫身上长有坚硬的刺凸。

### 大部分都是捕虫高手

瓢虫中的大部分属于益虫，如二星瓢虫、六星瓢虫、七星瓢虫、十二星瓢虫、十三星瓢虫和赤星瓢虫等，它们无论是幼虫还是成虫，都善于消灭蚜虫。而瓢虫中的害虫仅有十一星瓢虫和二十八星瓢虫两种。

一只七星瓢虫一天可以吃掉130多只蚜虫，堪称捕捉害虫的能手。

## 蜕皮和化蛹

随着时间的推移，瓢虫幼虫胃口越来越大，身体也在不断增长。在幼虫阶段，要经历5~6次蜕皮，同时幼虫要吃很多很多，直到有足够的力量步入虫蛹阶段。当瓢虫幼虫准备化蛹时，它会先找一个安全的地方，把自己悬挂着附在叶面下，然后开始那惊心动魄的蜕变。

## 卵与幼虫

瓢虫把卵产于植物叶子的背面，一个挨着一个，整齐地排列在一起，呈块状。每块一般有20~40粒卵，最多达80粒。每粒卵大约有1.26毫米那么长，表面晶莹光洁，两端尖尖的。一周后，幼虫就孵化出来了，长长的须不停地舞动着。它们长有一对尖利的大牙，每天都在花草间疯狂地捕食蚜虫。

## 变身成功

当它最后破蛹而出变为一只真正的瓢虫时，它的身体仍旧柔软娇嫩，尚未完全发育成熟，必须暴露在阳光下，吸取养分，体色慢慢加深，斑纹逐渐显露，几个小时后，就会变得和花园中其他的成年瓢虫一模一样了。

**生命短暂**

瓢虫的生命非常短暂，从卵生长到成虫只需要大约一个月的时间，所以我们可以在花园里同时发现瓢虫的卵、幼虫和成虫。

# 美丽的无尾凤蝶

当五颜六色的花朵绽放时，花园里会飞来很多的蝴蝶，它们有的落在花朵上吮吸花蜜，有的在花朵旁边翩翩起舞。咦，那不是**无尾凤蝶**吗？让我们一起去认识一下它吧！

## 黑色翅膀上有米黄色的斑点

无尾凤蝶的翅膀很大，两只翅膀展开有七八厘米长。它的黑色翅膀上都长着很多米黄色的小斑点，就像人脸上的雀斑一样。

## 围绕橘子树飞来飞去

花园里的橘子树长满了绿油油的叶子，仔细观察，在叶子的下方还藏着许多圆溜溜的绿色果实呢！在橘子树的周围，就可以看到漂亮的无尾凤蝶了。它们经常围绕着树飞来飞去，原来无尾凤蝶的宝宝喜欢吃橘子树的叶子，可以说橘子树就是它们成长的摇篮呢！

那边有一只漂亮的无尾凤蝶停在一片橘子树叶上，让我们悄悄地走近它！

### 没有尾巴的蝴蝶

大多数的蝴蝶后翅都长着尾部突起，可是无尾凤蝶却没有这样的特征，所以它的名字中才有“无尾”两个字。

## 在叶片背面产卵

当无尾凤蝶不停地绕着橘子树飞时，就说明它要产宝宝了。首先它的两只大翅膀会收起来，然后细细的脚会紧紧抓住橘子树的叶片。呀！飞走啦！快来看看，无尾凤蝶在橘子叶片上留下了什么？原来，它将卵产在叶片的背面了，卵呈米白色，圆圆的。

## 无尾凤蝶幼虫会把卵壳吃掉

刚刚孵化出来的无尾凤蝶幼虫是黑色的，整个身体还没有蚂蚁大。它出生后的第一件事就是将自己的卵壳吃掉，这样才能变得更有力气。

## 会释放气味的毛毛虫

经过不断地蜕皮，它们会变成毛毛虫。无尾凤蝶的毛毛虫外表很可爱，它身披着嫩绿色的外衣，头上顶着红色的小触角。如果用东西轻轻触碰它一下，它就会立刻放出浓浓的气味。只要它认为自己处境危险了，就会用这样的方式赶走敌人。

经过一个多星期，无尾凤蝶就可以破蛹而出了。

### 能变色的蛹

很快，无尾凤蝶的幼虫就在树枝上变成蛹。深绿色的蛹会一动不动地待在树枝上，如果它身处的环境颜色较深，蛹还会变成褐色呢！这样才能更安全。

# 背着小房子的蜗牛

在花园里的大树旁、石头下或有落叶的地方，都会发现小**蜗牛**的身影。一只只蜗牛身上都背着一个小“房子”，在慢悠悠地爬行着。蜗牛的身体软软的，胖胖的，头上还顶着尖尖的触角，在爬行的过程中，触角总是在不断地伸缩，真是有趣呀！

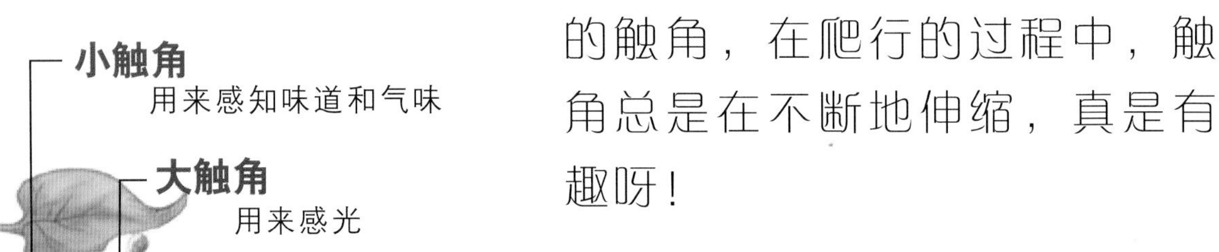

## 喜欢潮湿阴暗的环境

蜗牛特别喜欢待在潮湿阴暗的环境里，因为害怕自己身体里的水分流失掉。如果长时间脱离潮湿的环境，它可是会因脱水而死亡的。蜗牛经常会把自己的身体缩进壳里，再分泌出一层薄膜将壳口封起来，以防止脱水的发生。

### 在叶子下躲雨

如果下起大雨来，蜗牛通常会在叶子下面躲雨。每当这个时候，它会感到很难受，总是担心自己会掉进水里淹死。

## 刚出生的小蜗牛就有小房子

蜗牛是雌雄同体，它自己既可以当爸爸又可以当妈妈。蜗牛一般会在地下的洞穴里产卵。卵只比绿豆大一点点，形状像椭圆形的球，呈乳白色。一只蜗牛每次能产上百粒卵呢！

大约半个月后，卵就孵化成带着“小房子”的小蜗牛了。此时它的身体还很柔弱，壳也很薄，消化系统还没有成熟，一般只能吃点儿植物的嫩叶。两三个月后会选择更多植物的叶子和花作为食物，壳也会变得坚硬。

## 花园里的破坏专家

当小蜗牛发现一块可以食用的瓜片时，就会小心翼翼地爬到上面，“咔咔”地啃起来。在它软软的嘴中，长着一条非常锐利的齿舌，齿舌上有两万多颗牙齿呢。它就是依靠这些牙齿将食物啃出一个个的小洞，一点点吃掉的。

蜗牛还喜欢吃植物的叶和花，是花园里的破坏专家呢！

## 蜗牛壳上的螺纹

蜗牛的壳并不光滑，上面有一些细细的螺纹，壳口有的方向向左，有的方向向右。随着蜗牛慢慢长大，它的壳也跟着变大，壳上螺纹的数目也会跟着增加。一只刚孵出来的小蜗牛，壳上大约只有一个半螺纹，等到两个月以后就可能变成三个螺纹了。

# 国色天香牡丹

牡丹的花色鲜艳、花姿典雅、花形端庄，是中国传统名花中最负盛名的。古人曾赞美它“唯有牡丹真国色，花开时节动京城”。

## 牡丹的花

牡丹的花朵硕大、花瓣肥厚、花蕊也非常多，颜色有红色、黄色、白色、粉色……一阵微风吹过，阵阵清香扑鼻而来，让人心旷神怡。

## 牡丹的叶

牡丹的叶是二回三出复叶，顶生小叶长达10厘米，侧生小叶相对较小，呈斜卵形。

中国国花

世界各国人民也非常珍爱牡丹，在8世纪，中国牡丹传入日本，1330年传入法国，1656年传入荷兰，1820年传入美国，至今已有20多个国家栽培中国牡丹。

## 牡丹的根

牡丹的根还是一味很好的药材，根皮中含有牡丹酚、挥发油等成分，具有一定的消炎、解热作用。

## 牡丹有很多品种

### 豆绿

绽开的花朵像一个圆圆的绣球。花蕾呈圆形，顶端常开裂。花瓣为淡雅的黄绿色，显得很厚也很硬。花梗又细又软，花朵常常下垂。

### 冠世墨玉

花朵的形状就像皇冠一样。墨紫色的花瓣层层叠叠，很紧密地排列着。花瓣间有少量的雄蕊；雌蕊退化变小或者瓣化。

### 二乔

又叫洛阳锦。在同一个植株或枝条上，可以盛开紫红色和粉色两种颜色的花朵。甚至在一朵花上，也可以同时相嵌紫红和粉两种颜色。

牡丹以我国洛阳、菏泽的牡丹最富盛名。

## 娇容三变

被称为牡丹贵族、花中神品，初开时呈淡绿色；盛开时则变为粉红色，花瓣根部残留有绿色印痕；临近凋谢时，它又变成了粉白色。有时，一株之上同时存在三种颜色的花朵呢！

## 大瓣红

有时呈荷花形，有时呈菊花形。花蕾为圆尖形，花朵呈深紫色，花瓣大平展，端部有齿裂，质厚硬，基部有墨紫色斑。

## 火炼金丹

学名是种生红，花蕾呈圆尖形，顶端常开裂；花朵呈火红色，细腻润泽，是洛阳牡丹的传统品种。

# 亭亭玉立的郁金香

郁金香可算得是露地越冬开花较早的球根花卉了。早春积雪还未融尽，**郁金香**健壮的叶尖就破土而出了。3—4月间艳丽的花朵冲破春寒，从秀丽素雅的叶丛中伸出，美丽端庄，迎接阳光明媚的春天。

**郁金香不香**

郁金香虽然外形艳丽，但是由于缺乏香味，也不会分泌蜜汁，所以无法吸引昆虫传粉。

## 郁金香的花朵极像一个酒杯

郁金香花是顶生单生一朵较大的花，花茎高20~50厘米，整个花的外形连同花茎极像一个酒杯，长可达7厘米。叶片只有3~5片，呈狭披针形或卵状披针形。花色则以鲜红为多，或杂以白色或黄色，当然还有纯白色或纯黄色。

## 6片花瓣

整朵花由6片花瓣组成，内侧是花瓣，外侧是花萼，由于一般肉眼无法分辨，所以合起来统称为花瓣。

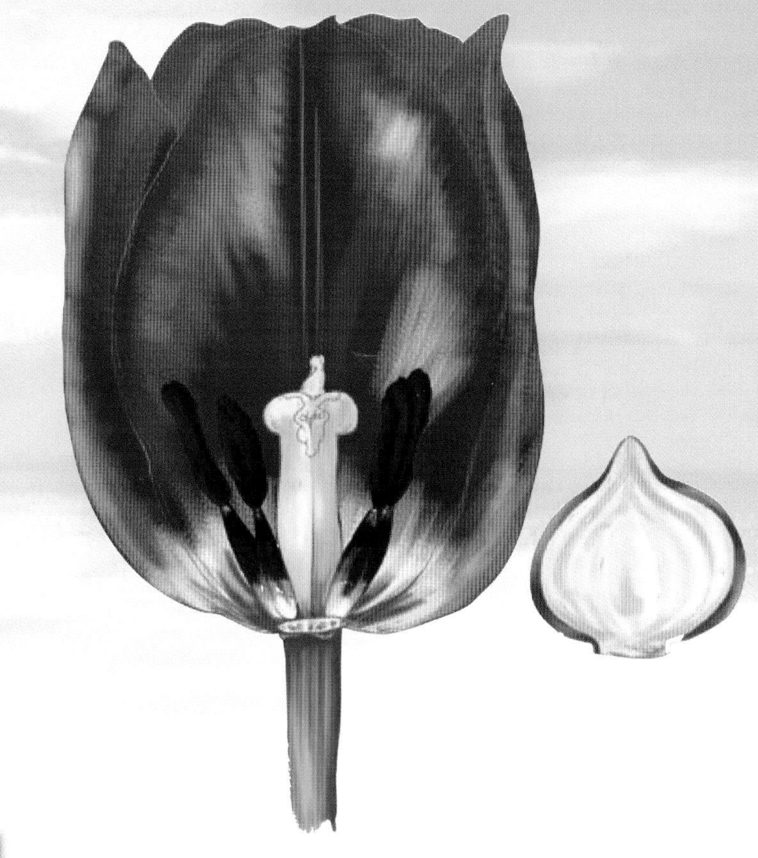

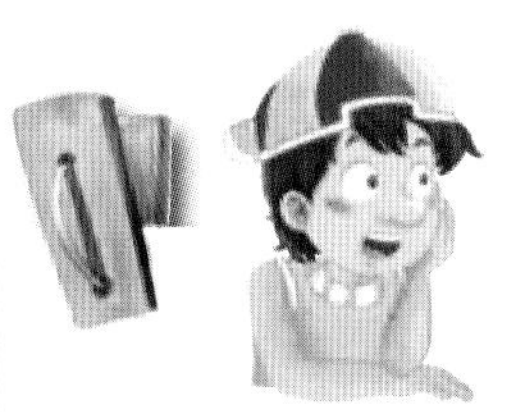

**郁金香有许多好听的名字，比如洋荷花、旱荷花、草麝香、郁香、红蓝花、紫述香等。**

## 郁金香的生长

郁金香和许多开在春天里的花朵一样，从留存在泥土深处的球茎里抽出它的花朵。在上一个秋天，它不仅贮存了许多养分，还形成了幼小的叶片和花。叶片和花紧紧挤在一起，被严严实实地包裹着，等待着寒冬过去，春天到来。

## 花朵开开合合

郁金香的花朵会随着温度变化，在开开合合之间逐渐变大。例如，在15℃的房间里合拢的花瓣，如果被移到20℃~25℃的地方，立刻就会绽放开来，然而如果移到温度低的地方，马上又会合起来（但当花瓣的边缘向外侧卷翘时，就不会自行合起了）。

图书在版编目（CIP）数据

美丽的花园 / 赛文诺亚主编. -- 长春 : 北方妇女儿童出版社, 2022.12
（我超爱看的自然图鉴）
ISBN 978-7-5585-7062-9

Ⅰ. ①美… Ⅱ. ①赛… Ⅲ. ①花园－儿童读物 Ⅳ. ①TU986-49

中国版本图书馆CIP数据核字(2022)第210209号

**我超爱看的自然图鉴：美丽的花园**
**WO CHAOAIKAN DE ZIRANTUJIAN: MEILI DE HUAYUAN**

出 版 人　师晓晖
策 划 人　师晓晖
责任编辑　左振鑫

开　　本　889mm × 1194mm　1/16
印　　张　2
字　　数　50千字

版　　次　2022年12月第1版
印　　次　2023年1月第1次印刷
印　　刷　旭辉印务（天津）有限公司

出　　版　北方妇女儿童出版社
发　　行　北方妇女儿童出版社
地　　址　长春市福祉大路5788号
电　　话　总编办：0431-81629600
　　　　　发行科：0431-81629633

定　　价　39.80 元